FORSCHUNGSBERICHTE DES LANDES NORDRHEIN-WESTFALEN

Nr. 1266

Herausgegeben
im Auftrage des Ministerpräsidenten Dr. Franz Meyers
von Staatssekretär Professor Dr. h. c. Dr. E. h. Leo Brandt

DK 658.512.6.012.122
658.524:658.512.6.012.122
658.5.012.122

Prof. Dr.-Ing. Joseph Mathieu
Dr.-Ing. Johann Heinrich Jung

Forschungsinstitut für Rationalisierung an der Rhein.-Westf. Techn. Hochschule Aachen

Rechenprogramm und Beispielrechnung zur Planung der Maschinenbelegung in einer Fertigungsstufe

WESTDEUTSCHER VERLAG · KÖLN UND OPLADEN 1963

ISBN 978-3-663-06667-5 ISBN 978-3-663-07580-6 (eBook)
DOI 10.1007/978-3-663-07580-6

Verlags-Nr. 011266

Gesamtherstellung: Westdeutscher Verlag

Inhalt

1. Das Problem

Die Aufgabe der Fertigungsplanung eines Betriebes besteht u.a. darin, mit der gegebenen Kapazität der Einrichtungen als Rahmen den kostengünstigsten zeitlichen Ablauf der Produktion zu planen, d.h. in erster Linie, Terminüberschreitungen zu vermeiden und für eine kurze Durchlaufzeit der Erzeugnisse durch den Betrieb zu sorgen. Für dieses Problem wurde[1] eine Lösungsmethode angegeben, die zur Planung des Ablaufs in einer Produktionsstufe bei wiederkehrenden Aufträgen gleicher Teile, also bei einer funktionalen Fertigung in kleinen oder mittleren Serien, angewandt werden kann.

Auf Grund dieses Lösungsverfahrens wurde ein Rechenprogramm entwickelt, das zur Bestimmung der Auftragsfolge in einer automatisierten Formerei eingesetzt wurde. Dieses Programm ist universell gehalten und kann ohne Änderungen für entsprechende Probleme in anderen Fertigungen eingesetzt werden.

Das Rechenprogramm und eine Beispielrechnung sollen im folgenden beschrieben werden. Dieser Beschreibung ist eine kurze Skizze des Lösungsprinzips aus Anmerkung 1 vorausgesetzt.

[1] Mathieu, Jung und Behnert. Ein Verfahren zur Planung der Maschinenbelegung in einer Fertigungsstufe. Forschungsbericht des Landes NRW (in Druck).

2. Das Prinzip des Verfahrens

Zur Lösung dieses Reihenfolgeproblems wird aus einer Vielzahl möglicher Auftragsfolgen die günstigste zu bestimmen sein. Setzt man als Maßstab für die Güte einer Folge die durch etwaige Abweichungen von optimalen Terminen und Losgrößen entstehenden Kosten ein, so gilt die Auftragsfolge als optimal, bei der die geringsten Abweichungskosten auftreten. Wegen der Vielzahl der zu verarbeitenden Daten setzt ein solches Auswahlsystem den Einsatz eines programmgesteuerten Rechners voraus. Als Ausgangsgrößen werden lediglich solche Daten vorausgesetzt, die in jeder geordneten Arbeitsvorbereitung vorhanden sind.

Aus den Bedarfskurven $f_i(t)$ der einzelnen Produkte, $1 \leqq i \leqq n$, lassen sich mit Hilfe der Losgrößen und der Bearbeitungsdauer die optimalen Termine des Arbeitsbeginns an einem Auftrag so bestimmen, daß ein Los gerade dann fertiggestellt wird, wenn der durch das vorhergehende Los gegebene Bestand oder der Anfangsbestand erschöpft ist. Kann in einer Auftragsfolge einer der optimalen Zeitpunkte des Arbeitsbeginns an einem Auftrag nicht eingehalten werden, weil die Maschine noch durch den vorhergehenden Auftrag belegt ist, so muß ein Anfangsbestand an diesem Artikel vorhanden sein, um den Bedarf bis zur verspäteten Fertigstellung des Loses zu decken. Andernfalls entstehen Fehlteilzeiten, die ebenfalls Kosten verursachen.

Haben zwei Aufträge annähernd den gleichen optimalen Termin des Arbeitsbeginns, so beeinflussen sich diese Aufträge gegenseitig, da mindestens einer der optimalen Termine nicht eingehalten werden kann. Man begeht einen verhältnismäßig geringen Fehler, wenn man eine gegenseitige Beeinflussung zweier Aufträge nur dann in Rechnung stellt, wenn sie in der Auftragsfolge entweder benachbart oder durch einen weiteren Auftrag voneinander getrennt sind. Eine auf dieser Grundlage aufgebaute Lösungsmethode liefert eine gute Auftragsfolge, die von der theoretisch optimalen nicht wesentlich abweicht und daher als praktisch optimal gelten kann.

Der einfachste Weg, auf selektive Weise aus allen möglichen Auftragsfolgen diejenige, welche die geringsten Kosten verursacht, herauszusuchen, ist wegen des damit verbundenen Arbeitsaufwandes nicht gangbar. Eine Optimierungsmethode, welche nur den jeweils nächsten Schritt betrachtet, ist selbstverständlich nicht die beste, einfach weil jeder Auftrag zwar die Wahl des nachfolgenden, nicht aber die des vorhergehenden Auftrages beeinflußt. Aus diesem Grunde ist hier eine Optimierungsmethode zugrunde gelegt, deren wichtigste Eigenschaft in der gegenseitigen Beeinflussung der benachbarten Aufträge besteht.

Die günstigste Auftragsfolge wird schrittweise ermittelt. Es soll hier der j-te Iterationsschritt besprochen werden, unter der Voraussetzung, daß n verschiedene

Artikel in der Periode zu fertigen sind und daß die Ergebnisse des (j — 1)-ten Schrittes bereits vorhanden sind.
Die Ergebnisse der (j — 1)-ten Iteration liegen vor in der Gestalt von n Auftragsfolgen mit folgenden Eigenschaften:

1. jede dieser Folgen ist (j — 1)-gliedrig, besteht also aus je j — 1 Aufträgen;
2. der letzte Auftrag der i-ten Folge ist ein Auftrag auf Fertigung eines Loses vom Artikel i;
3. die j — 1 Aufträge jeder Folge sind aufeinander durch die vorhergehenden Iterationsschritte optimal abgestimmt.

Fügt man zu jeder dieser (j — 1)-gliedrigen Folgen je einen neuen Auftrag hinzu, so entstehen neue, j-gliedrige Folgen. Da zu jeder der Folgen der j-te Auftrag auf n mögliche Arbeiten hinzugefügt werden kann, so ergibt sich daraus folgende Matrix, deren Elemente j-gliedrige Auftragsfolgen sind:

$$\begin{matrix} (\ldots, 1, 1) & (\ldots, 1, 2) & \ldots & (\ldots, 1, n) \\ (\ldots, 2, 1) & (\ldots, 2, 2) & \ldots & (\ldots, 2, n) \\ . & . & \ldots & . \\ . & . & \ldots & . \\ . & . & \ldots & . \\ (\ldots, n, 1) & (\ldots, n, 2) & \ldots & (\ldots, n, n) \end{matrix} \qquad (1)$$

Jede der j-gliedrigen Folgen aus (1) besitzt folgende Eigenschaften:

1. Die beiden letzten Aufträge einer Folge sind durch die Stelle der Folge in der Matrix (1) eindeutig bestimmt. Da, allgemein gesprochen, einige Stellen der Matrix (1) unbesetzt bleiben können – so kann z. B. kein Auftrag (. . ., 2, 2) existieren, wenn das Produkt 2 in einem einzigen Los gefertigt wird –, werden nichtbesetzte Stellen in der Matrix (1) einfach übersprungen.
2. Da jede Auftragsfolge (. . ., h, i) in (1), $1 \leqq h \leqq n$, aus der (j — 1)-gliedrigen Folge (. . ., h) des vorhergehenden Iterationsschrittes und eines Auftrags auf Produkt i zunächst ohne Berücksichtigung der Fertigungszeiten zusammengesetzt wird, muß eine Abstimmung der Fertigungszeiten der Auftragsfolge (. . ., h, i) nachträglich durchgeführt werden. Diese Abstimmung der Fertigungszeiten bildet einen wesentlichen Bestandteil des j-ten Iterationsschrittes.

Die »Güte« jeder Folge (. . ., h, i) aus (1) wird danach beurteilt, wie hoch die Kosten $K_{h,i}$ sind, die bei der Fertigung der Artikel in der genannten Reihenfolge durch Abweichung vom optimalen Fertigungstermin entstehen. Neben der Matrix (1) der j-gliedrigen Auftragsfolgen entsteht also die zugehörige Kostenmatrix (2):

$$\begin{matrix} K_{11} & K_{12} & \ldots & K_{1n} \\ K_{21} & K_{22} & \ldots & K_{2n} \\ . & . & \ldots & . \\ K_{n1} & K_{n2} & \ldots & K_{nn} \end{matrix} \qquad (2)$$

Sobald eine Auftragsfolge (..., h, i) aus (1) und die dazugehörigen Kosten K_{hi} ermittelt sind, werden die ermittelten Kosten K_{hi} mit dem Kostenminimum

$$\min\{K_{1i}, K_{2i}, \ldots, K_{h-1,i}\} = K_{xi} \tag{3}$$

aller Folgen verglichen, die in der i-Spalte der Matrix (1) oberhalb der Folge (..., h, i) stehen. Bei $h - 1$ wird das Kostenminimum (3) gleich ∞ gesetzt, so daß bei $h = 2$ automatisch $x = 1$ und $K_{xi} = K_{1i}$ werden.
Sind die Kosten sämtlicher Folgen einer Spalte ermittelt, so zeigt der Index x die Zeile an, in der die ermittelte Optimalfolge steht.
Die bei einem entsprechenden Vorgehen über alle n Spalten entstehenden n Folgen stellen das Ergebnis des j-ten Iterationsschrittes dar. Nach dem Erhöhen $j + 1 \rightarrow j$ des Index j um 1 geht das System von n j-gliedrigen Folgen in das System von n $(j - 1)$-gliedrigen Folgen über. Der neue Iterationsschritt kann beginnen.
Im Verlauf des Iterationsverfahrens wird der Fall eintreten, daß die Produktion der insgesamt notwendigen Menge eines Artikels i in allen $(j - 1)$-gliedrigen Auftragsfolgen schon eingeplant ist. Dann ist es nicht mehr möglich, die Kosten unter der Annahme zu untersuchen, an j-ter Stelle stände ein Auftrag auf diesen Artikel i. Für die Annahme des an j-ter Stelle stehenden Artikels bestehen also nicht mehr n, sondern nur noch $n - 1$ Möglichkeiten. Diese »Verjüngung« wird sich weiter fortsetzen, je mehr wir uns der vollständigen Auftragsfolge nähern, in welcher schließlich alle Aufträge auf die n Artikel eingeplant sein müssen. Damit ist die Berechnung der günstigsten Auftragsfolge abgeschlossen; auf die Ermittlung der Kosten von Teilauftragsfolgen, die für das Auswahlverfahren bekannt sein müssen, soll im folgenden eingegangen werden.

3. Die Kosten einer Teilauftragsfolge

Nach dem skizzierten Lösungsverfahren ergibt sich entsprechend dem schrittweisen Vorgehen die Notwendigkeit, die Kosten einer unvollständigen, einer Teilauftragsfolge zu berechnen, um diese Kosten in die Auswahlmatrix (2) einzusetzen.

Unter den einer vorgegebenen Auftragsfolge zugeordneten Kosten seien hier nur Lager- und Fehlteilkosten verstanden; das erscheint insofern sinnvoll, als durch Variation der Folge im wesentlichen diese Kosten beeinflußt werden.

Liegen im praktischen Fall die Bedarfsfunktionen in Form von Tabellen vor, so kann man diese als Treppenfunktionen darstellen. Aus entsprechenden graphischen Darstellungen lassen sich die Bestands- bzw. Fehlteilflächen herleiten, die, bewertet mit einem Proportionalitätsfaktor, zu den Lager- bzw. Fehlteilkosten führen (s. Abb. 1 und 2).

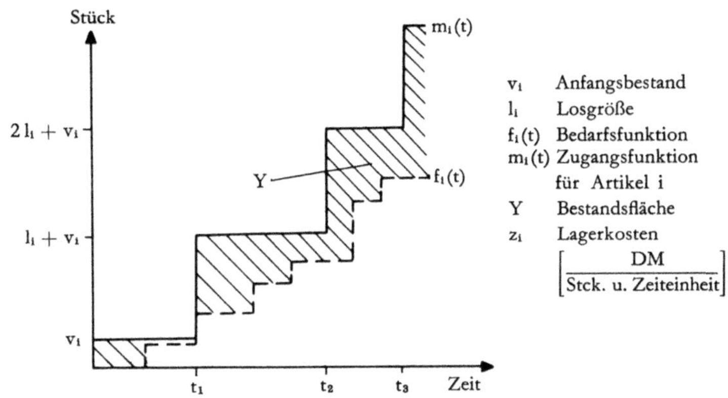

Abb. 1 Bestandsfläche

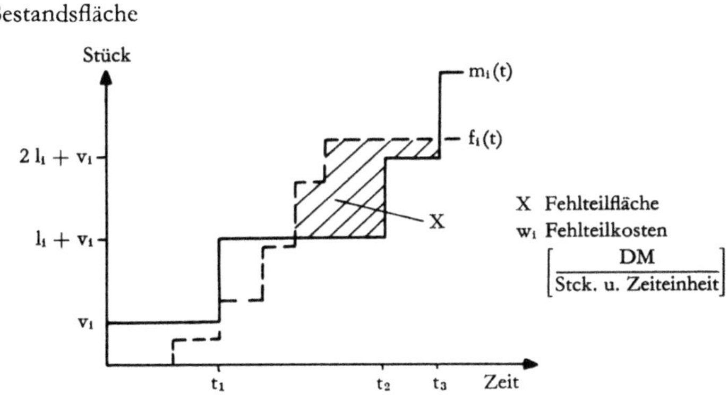

Abb. 2 Fehlteilfläche

Die Lagerkosten eines Artikels ergeben sich also zu $K_L = Y \cdot z_i$; die Fehlteilkosten belaufen sich auf $K_F = X \cdot w_i$.
Der Faktor w_i ist in der Praxis wohl schwieriger zu ermitteln als der Faktor z_i. Eine genaue Ermittlung ist aber aus folgenden Gründen nicht unbedingt notwendig:

1. Fehlteile sollen nach Möglichkeit vermieden werden; dieser Forderung paßt sich der Rechenablauf an, wenn w_i nur genügend groß gegenüber z_i gewählt wird.
2. Werden die Teile nach der Bearbeitung z. B. zur Montage am Fließband benötigt, so ist der Schaden annähernd gleich groß, gleichgültig, welches der Teile fehlt. In diesem Fall kann also ein nicht weiter differenzierter Kostenfaktor angewandt werden.

Für alle in einer vorgegebenen Auftragsfolge gefertigten Artikel lassen sich diese Abweichungskosten berechnen, die in ihrer Summe die Kosten der Folge darstellen. Die Berechnung ist allerdings nicht ganz so einfach wie hier geschildert, da einmal einige mögliche Sonderfälle berücksichtigt werden, zum andern aber auch eine gewisse Abstimmung der Aufträge einer Folge aufeinander durchgeführt werden muß. Dies ist dann der Fall, wenn bei der Verlängerung einer Folge um einen Auftrag dieses Los zu spät fertiggestellt wird, gleichzeitig jedoch noch Maschinenwartezeit in dieser Folge vor vorangehenden Aufträgen eingesetzt ist. (Diese eingesetzte Wartezeit muß jedoch stets kleiner oder gleich der in der Planungsperiode verfügbaren Wartezeit sein.) Dann kann es vorteilhaft sein, Aufträge vorzuverschieben (also bewußt Kosten für verfrühte Fertigstellung in Kauf zu nehmen), um Verspätungskosten zu vermeiden.
Damit das angewandte Auswahlverfahren funktioniert, sind die Kosten einer vorgegebenen Auftragsfolge noch um »hypothetische« Kosten zu erweitern. Damit werden die Verspätungskosten bezeichnet, die bei $n - 1$ Artikeln dadurch entstehen, daß sie nicht an letzter, j-ter Stelle der Folge gefertigt werden, sondern frühestens an $(j + 1)$-ter Stelle.

4. Beschreibung des Rechenprogramms

Das Programm wurde für den Digitalrechner der Firma Siemens & Halske Typ 2002 geschrieben. Die benutzte Anlage hat eine Kapazität von 12000 Speicherzellen. Die angeschlossenen IBM-Lochkarteneinheiten ermöglichen es, sowohl das Programm wie auch die Beispieldaten mit Hilfe von Lochkarten einzugeben. Auch die Ergebnisse werden auf Lochkarten gestanzt und auf diesem Wege ausgegeben.

Das Programm dient dazu, eine kostengünstige Auftragsfolge für eine Produktionsanlage zu erstellen, auf welcher Aufträge verschiedener Artikel in wechselnder Reihenfolge gefertigt werden müssen. Mit der Auftragsfolge werden sowohl die für die Fertigung in der ermittelten Folge benötigten Daten wie auch die Kosten der Folge errechnet. Es werden einmal die Gesamtkosten, dann aber auch die Kosten, die durch jeden einzelnen Auftrag verursacht werden, getrennt nach Lager- und Verspätungskosten, ermittelt. Aus Gründen der Speicherkapazität darf das zu rechnende Problem allerdings einen gewissen Umfang nicht überschreiten. Die aufgestellten Grenzen werden im Abschnitt 4.2 ausführlich beschrieben.

4.1 Strukturdiagramm und Beschreibung

Das dem Programm zugrunde liegende Ablaufdiagramm ist zu dem folgenden Strukturdiagramm zusammengefaßt worden. Die Beschreibung des Strukturdiagramms stellt damit eine Kurzfassung der verwendeten Methode dar.

Eine Zusammenfassung der im Diagramm verwendeten Bezeichnungen ist auf S. 18 gegeben.

Beschreibung des Strukturdiagramms

1.1 Die Daten werden mit Hilfe von Lochkarten eingegeben. Die Bedarfstabellen der einzelnen Artikel sowie die Tabelle Kalenderzeit–Maschinenzeit werden in einem Vorprogramm zu Summentabellen (analog Summenkurven) umgearbeitet. Dabei wird kontrolliert, ob das vorliegende Fertigungsprogramm innerhalb der verfügbaren Maschinenzeit durchgeführt werden kann.

1.2 j, $j = 1, 2, \ldots, JM$, als laufender Index der Aufträge in der Auftragsfolge gibt an, aus wieviel Aufträgen die bisher berechneten Auftragsfolgen bestehen. Ist n die Anzahl der Artikel, so werden jeweils n Auftragsfolgen, die j Aufträge umfassen und sich mindestens in der Artikelnummer des j-ten Auftrags

STRUKTURDIAGRAMM

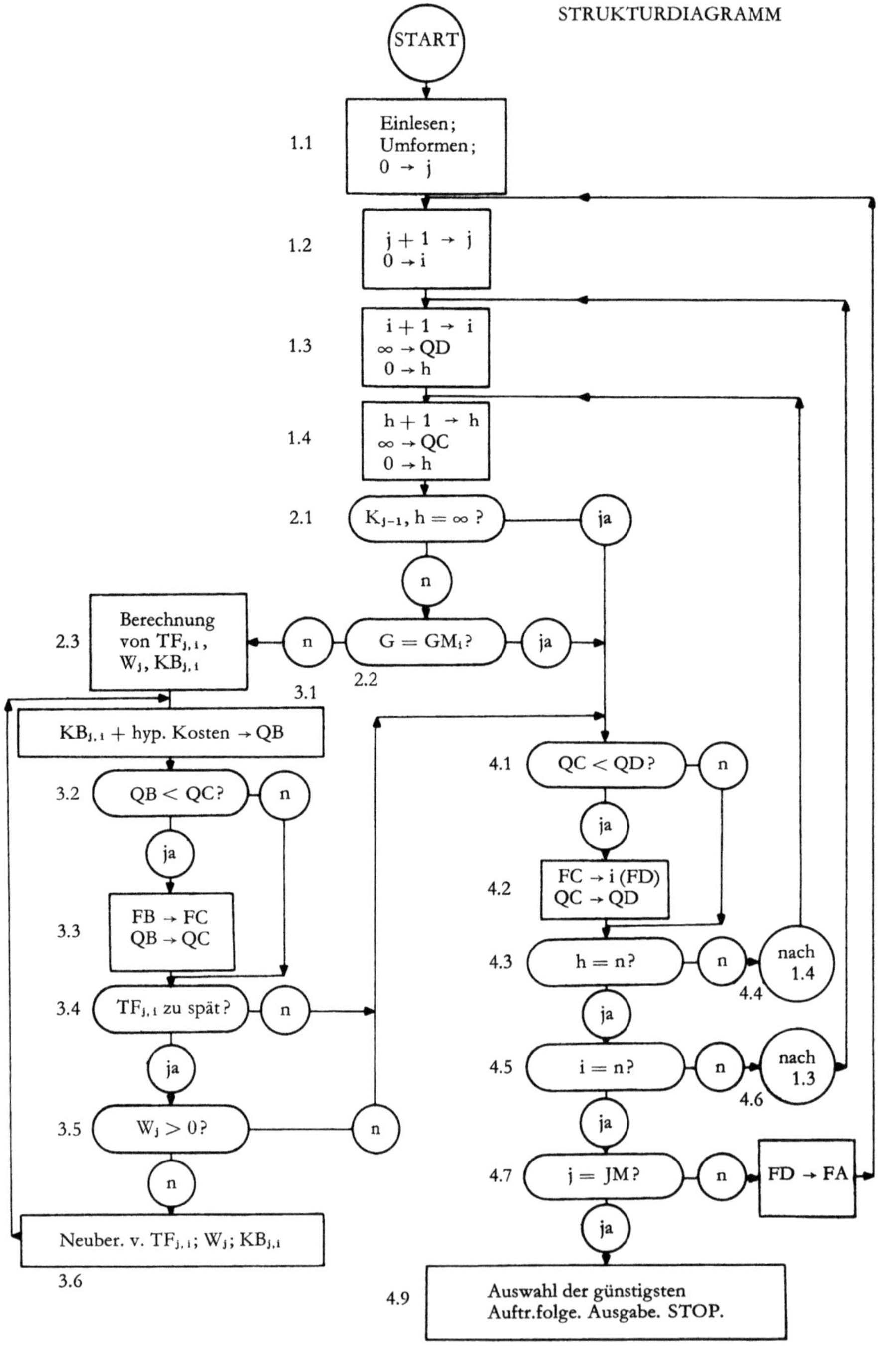

unterscheiden, berechnet, wobei die n bereits berechneten (j — 1)-gliedrigen Folgen als Ausgangsbasis dienen.

1.3 Der Artikelindex i, i = 1, 2, ..., n, wird um 1 erhöht. Nun sind die Daten und Kosten einer Auftragsfolge zu bestimmen, bei welcher an j-ter Stelle der Artikel i gefertigt wird. Ein Vergleichsspeicher QD wird mit ∞ belegt.

1.4 Zu diesem Zweck wird der Auftrag auf Artikel i zunächst an die (j — 1)-gliedrige Folge angehängt, bei welcher an (j — 1)-ter Stelle ein Auftrag auf Artikel h steht. Die Daten der (j — 1)-gliedrigen Auftragsfolgen, von denen n Stück vorhanden sind, sind spaltenweise in einem Speicherfeld A (auf der Trommel) untergebracht.

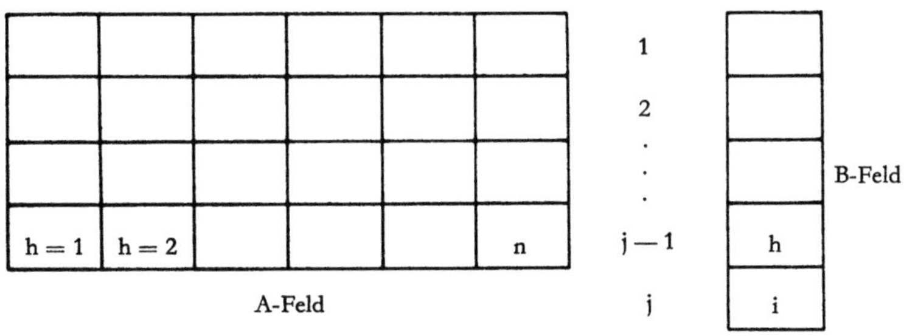

Das Verlängern einer Folge um einen Auftrag auf Artikel i geschieht in einem Speicherfeld B (im Kernspeicher). Deshalb wird die h-te Spalte des Feldes A, in welchem die (j — 1)-gliedrige Folge mit Artikel h an (j — 1)-ter Stelle steht, in das Feld B umgespeichert. In diesem Feld wird die Folge verlängert und die Daten der Aufträge (Zeiten) bestmöglich aufeinander abgestimmt. Um den späteren Erfolg der Abstimmungsmaßnahmen beurteilen zu können, wird zunächst der Speicher QC mit ∞ belegt.

2.1 Erweist sich eine Auftragsfolge aus einer Reihe von praktischen Gründen als undurchführbar, so werden die bei ihrer Durchführung entstehenden Kosten gleich ∞ gesetzt. Stellt es sich nun heraus, daß die Kosten $K_{j-1,h}$ der (j — 1)-gliedrigen Folge mit Auftrag h an letzter Stelle unendlich groß sind, so ist diese Folge bereits ausgeschieden und kann demnach nicht um einen weiteren Auftrag verlängert werden.

2.2 Sind die Kosten $K_{j-1,h} < \infty$, so muß noch geprüft werden, ob in dieser (j — 1)-gliedrigen Folge bereits alle Aufträge auf Artikel i eingeplant sind. Ist dies der Fall, so kommt die Folge h ebenfalls nicht für eine Kombination mit einem Auftrag auf Artikel i an j-ter Stelle in Frage.

2.3 Werden die Fragen 2.1 und 2.2 negativ beantwortet, so sind die Daten der um den j-ten Auftrag auf Artikel i verlängerten Folge zu berechnen.
Mit einem Unterprogramm werden jetzt die Lager- oder Fehlteilkosten errechnet, die Artikel i verursacht, wenn er an j-ter Stelle gefertigt wird. Diese Kosten werden zu den bisher aufgelaufenen Kosten der Folge h hinzuaddiert und führen zur Kostensumme KB_{ji}. Weiter werden die beiden Speicher im B-Feld, die die charakteristischen Daten für den j-ten Auftrag enthalten, vervollständigt. Zu der Artikelnummer, dem Fertigstellungszeitpunkt (in

Maschinenzeit) und der vor dem Auftrag einzusetzenden Wartezeit kommt noch die Zahl der von Artikel i in dieser Folge gefertigten Lose, das Fertigstellungsdatum und die Anzahl der gedeckten Bedarfssprünge in der Bedarfstabelle.

3.1 Aus den auf S. 0–0 geschilderten Gründen müssen jedoch noch die Kosten berücksichtigt werden, die auf Grund der Fertigung von Artikel i an j-ter Stelle bei allen anderen Artikeln entstehen, auch wenn die einzelnen Artikel, die nicht an j-ter Stelle gefertigt werden, an (j + 1)-ter Stelle berücksichtigt werden. Diese »hypothetischen« Kosten werden zu den Kosten $KB_{j,i}$ hinzuaddiert und die Summe in einen Vergleichsspeicher QB gegeben.
Mit den hypothetischen Kosten werden also Kosten berücksichtigt, die effektiv erst bei längeren Folgen eintreten. Würde man die hypothetischen Kosten außer acht lassen, so hätte man bei dem geschilderten Vorgehen zwar mit Sicherheit die günstigsten Teilfolgen in bezug auf die davorliegenden Aufträge ausgesucht, man hätte jedoch keinerlei Garantie, daß die Folgen sich auch noch als günstig erweisen würden, wenn die nächsten Aufträge angehängt worden wären. Um mit Sicherheit die optimale Folge herauszufinden, müßten die hypothetischen Kosten jeweils bis ans Ende der Folge berechnet werden. Dies ist nicht durchführbar. Da jedoch die durch die Wahl des Artikels i an j-ter Stelle hervorgerufenen hypothetischen Kosten mit wachsender Entfernung von j sehr schnell abnehmen, liegt es durchaus im Rahmen der Genauigkeit, wenn hypothetische Kosten nur bis j + 1 berechnet werden.

3.2 Sind die Gesamtkosten QB dieser Kombination einer (j — 1)-gliedrigen Folge h mit einem Auftrag auf Artikel i an j-ter Stelle geringer als die Kosten QC? Im ersten Durchgang wird diese Frage sicher mit ja beantwortet, da der Speicher QC in 1.4 mit ∞ belegt wurde.

3.3 In diesem Fall werden alle Daten der j-gliedrigen Folge, die im B-Feld berechnet wurde, in ein Speicherfeld C gegeben, so daß sie bei der nun folgenden Abstimmung nicht verletzt werden. Ist – bei späteren Durchläufen – die Frage 3.2 negativ beantwortet worden, so heißt das, daß die Folge, die im C-Feld steht, günstiger als die Folge ist, die im B-Feld steht. In diesem Fall wird nicht umgespeichert.

3.4 Nun ist zunächst festzustellen, ob die Möglichkeit einer besseren Abstimmung der Aufträge in der j-gliedrigen Folge aufeinander notwendig ist. Eine solche Abstimmung ist nicht notwendig, wenn der j-te Auftrag termingerecht fertiggestellt wird.

3.5 Ist in dieser Folge bei den vorliegenden Daten eine termingerechte Fertigstellung nicht möglich, so muß untersucht werden, ob es möglich ist, durch Verringerung der in der Folge bis zum j-ten Auftrag auftretenden Wartezeit eine Fertigstellung des j-ten Auftrags zu einem früheren Termin zu erreichen. Ist dies nicht der Fall, so stehen die bestmöglichen Daten dieser Kombination h, i im Speicherfeld C.

3.6 Ist eine Vorverlegung der Termine möglich, so werden die entsprechenden Zeitpunkte und die Lager- und Verspätungskosten $KB_{j,i}$ neu berechnet. Sie werden in 3.1 um die hypothetischen Kosten vermehrt; in 3.2 wird sodann geprüft, ob die Abstimmung hinsichtlich der Kosten Erfolg gebracht hat. Wenn ja, so sind die neu bestimmten Kosten geringer als die Kosten der im C-Feld stehenden Folge, so daß die im B-Feld stehenden Daten der günstigeren Folge ins C-Feld umgespeichert werden. Die Schleife 3.1 bis 3.6 wird so lange durchlaufen, bis entweder keine Notwendigkeit (3.4) oder keine Möglichkeit (3.5) der Abstimmung mehr besteht. Die günstigsten Daten der Kombination h, i stehen im C-Feld.

4.1 Ein weiteres Speicherfeld D dient zur Aufbewahrung der j-gliedrigen Auftragsfolgen. Da n solche Auftragsfolgen berechnet werden, enthält das Feld n Spalten. Nun wird gefragt, ob die Kosten QC der Kombination h, i, die im C-Feld steht, geringer sind als die Kosten QD. Im ersten Durchgang wird diese Frage mit ja beantwortet, wenn es sich nicht um eine nach 2.1 oder 2.2 ausgeschiedene Folge handelt, da QD in 1.3 mit ∞ belegt worden war.

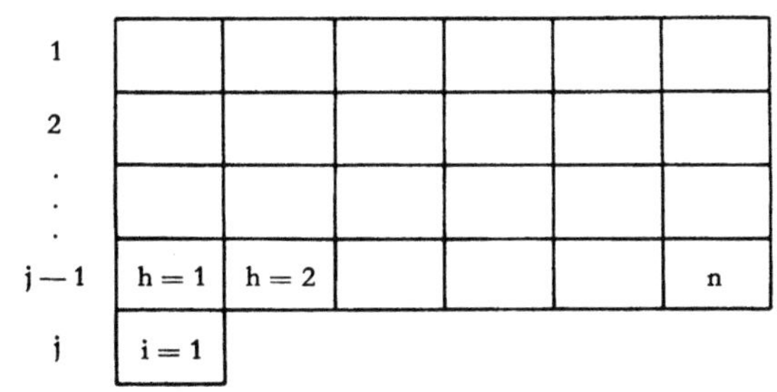

D-Feld bei h, i = 1

4.2 Dann werden alle Daten dieser Kombination h, i aus dem C-Feld in das D-Feld, und zwar in die i-te Spalte gespeichert. Die Kosten QC werden nach QD gebracht.

4.3 Sind schon alle n möglichen Kombinationen von (j — 1)-gliedrigen Auftragsfolgen mit einem Auftrag auf Artikel i an j-ter Stelle betrachtet worden? Da nach 1.3 und 1.4 mit h = 1 begonnen wurde, wird diese Frage bei h = n positiv beantwortet. Wird sie jedoch negativ beantwortet, so wird

4.4 in 1.4 h um 1 erhöht; damit wird die nächste der im A-Feld stehenden (j — 1)-gliedrigen Folgen ins B-Feld geholt, um den j-ten Auftrag auf Artikel i verlängert und abgestimmt. Da in 4.1 die Kosten dieser neuen Kombination mit den Kosten der bisher günstigsten Kombination verglichen werden, stehen bei positivem Ausgang von 4.3 die Daten der günstigsten Kombination einer der (j — 1)-gliedrigen Folgen mit einem Auftrag auf Artikel i an j-ter Stelle in der i-ten Spalte des Feldes D. Bei i = 1 ist somit die Berechnung der ersten Spalte des Feldes D abgeschlossen.

4.5 Sind in gleicher Weise schon alle Spalten des D-Feldes berechnet worden?

4.6 Wenn nicht, so wird in 1.3 i um 1 erhöht und im folgenden alle möglichen Kombinationen von (j — 1)-gliedrigen Auftragsfolgen mit diesem Auftrag auf den nächsten Artikel untersucht.

4.7 Bei $i = n$ sind in gleicher Weise alle n Möglichkeiten von Aufträgen auf Artikel i, $1 \leqq i \leqq n$, berechnet worden. Sofern noch nicht alle Aufträge
4.8 eingeplant sind, ist damit die Ausgangsbasis für eine Verlängerung der Auftragsfolge um einen weiteren Auftrag in 1.2 geschaffen. Zu diesem Zweck werden alle im D-Feld stehenden Folgen in das Speicherfeld A umgespeichert, wo sie nach der Erhöhung von j um 1 als $(j - 1)$-gliedrige Folge für eine Verlängerung um einen weiteren Auftrag zur Verfügung stehen.
4.9 Sind, bei $j = JM$, alle Aufträge eingeplant, so gilt es, aus den noch existenten vollständigen Auftragsfolgen die günstigste auszusuchen. Diese wird ausgegeben, womit der Rechengang abgeschlossen ist.

Im Strukturdiagramm wurden folgende Bezeichnungen verwandt:

FA	Inhalt des Speicherfeldes A
FB	Inhalt des Speicherfeldes B
FC	Inhalt des Speicherfeldes C
FD	Inhalt des Speicherfeldes D
G	Anzahl der in der Folge gefertigten Lose eines Artikels
GM_i	Gesamtzahl der zu fertigenden Lose eines Artikels
h	$1 \leqq h \leqq n$; Artikel-Nr. des $(j - 1)$-ten Auftrags = Spaltennummer des A-Feldes
h(FA)	Spalte des A-Feldes, in welcher eine $(j - 1)$-gliedrige Folge mit dem letzten Auftrag auf Artikel h steht
i	$1 \leqq i \leqq n$; Artikel-Nr. des j-ten Auftrags der Auftragsfolge
i(FD)	i-te Spalte des D-Feldes, in welcher j-gliedrige Folge mit i an j-ter Stelle aufbewahrt wird
j	$1 \leqq j \leqq JM$; lfd. Nr. des Auftrags in der Folge = lfd. Nr. der Iterationsschritte
JM	Gesamtzahl der zu fertigenden Aufträge
$KB_{j,i}$	Kosten der j-gliedrigen Folge mit i an j-ter Stelle im B-Feld
$K_{j-1,h}$	Kosten der $(j - 1)$-gliedrigen Folge mit Auftrag auf Artikel h an letzter Stelle
$TF_{j,i}$	Fertigstellungszeitpunkt des j-ten Auftrags auf Artikel i
W_j	Summe der Wartezeit bis zum j-ten Auftrag
QB, QD, QC	Gesamtkosten der im B-Feld, im C-Feld oder in der i-ten Spalte des D-Feldes stehenden Auftragsfolge

4.2 Speicherplan, Eingabebedingungen

Das Rechenprogramm wurde so aufgebaut, daß die Speicherkapazität voll ausgenutzt wird. Dadurch können die Rechenbeispiele den unter den gegebenen Verhältnissen größtmöglichen Umfang annehmen, und zwar wurde darauf geachtet, daß die Grenzen, die den Beispielen nach mehreren Seiten hin gesetzt werden müssen, in etwa gleich weit gesteckt werden. Das heißt, das Programm muß sowohl geeignet sein für ein Beispiel, bei dem die Planung nur wenige Artikel, aber viele Lose (= Aufträge) umfaßt, wie auch für den umgekehrten Fall,

daß für eine größere Anzahl Artikel und weniger Aufträge pro Artikel geplant wird. Weiterhin mußte dafür gesorgt werden, daß die für die Bedarfstabellen vorgesehenen Speicher sich nicht als Engpaß erwiesen.
Für die n Bedarfstabellen (bei n in der Periode zu fertigenden Artikeln) werden insgesamt 1500 Speicherzellen reserviert. Dies hat allerdings zur Folge, daß diese Werte im Trommelspeicher aufbewahrt werden müssen. Da aber nur im Kernspeicher gerechnet werden kann, muß die Bedarfstabelle für den jeweils betrachteten Artikel immer in den Kernspeicher geholt werden, was die Rechenzeit nicht unbedeutend vergrößert. Da jedoch, wie die folgenden Überlegungen zeigen, im Kernspeicher nur maximal 524 Plätze für die Bedarfstabellen zur Verfügung stehen würden, mußte die längere Rechenzeit in Kauf genommen werden. Sonst wären dem Programm nach dieser Seite hin zu enge Schranken gesetzt worden, besonders wenn man berücksichtigt, daß von den für die Bedarfstabellen vorgesehenen Plätzen allein acht pro Artikel für die Stammwerte benötigt werden (sieben für die eingegebenen Kenndaten und einer für die Anzahl Lose, die von diesem Artikel gefertigt werden müssen; dieser Wert wird im Vorprogramm berechnet).
Wenn JM die Summe aller in der Periode zu fertigenden Aufträge ist, so bringt es die Optimierungsmethode mit sich, daß in zwei Speicherfeldern, dem A- und dem B-Feld, jeweils n Folgen mit der maximalen Länge JM aufbewahrt werden müssen. Dazu werden also

$$2 \cdot n \cdot JM$$

Speicher benötigt. Außerdem werden zwei Speicherfelder, das B- und das C-Feld, zur Aufbewahrung je einer Folge gebraucht, für die auch je JM Speicher reserviert werden müssen. Da zur Charakterisierung der einzelnen Folgen bei jedem Auftrag der Folge so viele Daten gespeichert werden, daß zwei Speicher dazu notwendig sind, verdoppelt sich die Anzahl der für die Felder benötigten Speicher. Die insgesamt benötigte Speicherzahl beträgt also:

$$2\,[2 \cdot n \cdot JM + 2\,JM]$$

Außer diesen Feldern müssen jetzt noch die Bedarfstabellen, die Tabelle Kalenderzeit–Maschinenzeit und das Programm untergebracht werden. Für den Fall, daß die n Bedarfstabellen auf der Trommel stehen, müssen im Kernspeicher die Trommeladressen und die Blocklängen der einzelnen Tabellen gespeichert sein. Weiterhin muß im Kernspeicher Platz für die Bedarfstabelle des jeweils betrachteten Artikels sein. Es ist selbstverständlich, daß der hierfür vorgesehene Platz auch für die größte Tabelle ausreichend sein muß.
Wie sich später ergibt, darf die Anzahl n der einzuplanenden Artikel 41 nicht überschreiten. Im Kernspeicher sind also in diesem Fall folgende Speicher belegt: 41 für die Trommeladressen, 41 für die Blocklängen, 70 für eine Bedarfstabelle und 1076 für das Programm. Weiterhin ist es zweckmäßig, die Tabelle Kalenderzeit–Maschinenzeit (99) und das B-Feld, in welchem die einzelnen Folgen berechnet werden, im Kernspeicher aufzubewahren, denn im Laufe des Programms wird sowohl diese Tabelle wie auch das gesamte B-Feld sehr oft benötigt.

Nach dieser Abschätzung der im Kernspeicher benötigten Plätze bleiben von den 2000, die zur Verfügung stehen, 672 für das B-Feld übrig. Sollten dagegen die Bedarfstabellen im Kernspeicher untergebracht werden, so hätte man, selbst bei einer eventuell zu vertretenden Beschränkung des B-Feldes auf 500 Plätze, nur 524 Speicher zur Verfügung, denn zu den eingesparten 172 Plätzen (672–500) kommen noch 152, die nicht benötigt werden, wenn die Bedarfstabellen im Kernspeicher stehen, und noch ca. 200, die durch Überspeichern des Vorprogramms gewonnen werden könnten. Da jedoch auch diese Anzahl Speicherplätze nicht ausreicht, wie bereits früher ausgeführt, müssen die Bedarfstabellen im Trommelspeicher untergebracht werden. Der damit verbundene Mehraufwand an Rechenzeit läßt sich ohne allzu große Einschränkungen für die Anwendung des Programms nicht vermeiden.

Von den 10000 Speicherplätzen des Trommelspeichers stehen nur 9000 zur Verfügung. 1000 Plätze sind bei der Sie 2002 des Aachener Rechenzentrums mit festen Programmen belegt und können nicht in Anspruch genommen werden. Halten wir für die Bedarfstabellen 1500 Plätze frei, so bleiben für die Speicherfelder A, C und D noch 7500 Speicher. Wird das C-Feld auf 620 Plätze beschränkt, dann bleiben noch je 3440 Speicher für das A- und D-Feld. Aus der Größe des C-Feldes ergibt sich die Forderung, daß 2 JM maximal 620 werden darf und daraus:

$$JM \leqq 310$$

Da die Anzahl n der Artikel natürlich nicht größer sein muß als die Zahl JM der Aufträge, läßt sich aus der Größe des A- oder D-Feldes die Forderung für n_{max} aufstellen:

$$n^2 \leqq \frac{3440}{2}$$

und daraus

$$n \leqq 41$$

Weiterhin wird durch die Größe der Felder A und D das Produkt n · JM eingeschränkt:

$$n \cdot JM \leqq \frac{3440}{2}$$

Von diesen Überlegungen ausgehend, wurde folgender Speicherplan aufgestellt:

Trommelspeicher:	10 000–11 499	Bedarfstabellen	(1 500 Plätze)
	11 500–14 939	A-Feld	(3 440 Plätze)
	14 940–15 559	C-Feld	(620 Plätze)
	15 560–18 999	D-Feld	(3 440 Plätze)
Kernspeicher:	0– 1 075	Programm, Konstanten, Hilfsspeicher	(1 076 Plätze)
	1 076– 1 220	Kalenderzeit–Maschinenzeit-Tabelle	(145 Plätze)
	1 221– 1 291	eine Bedarfstabelle	(71 Plätze)
	1 292– 1 334	Trommeladressen	(43 Plätze)
	1 335– 1 377	Blocklängen	(43 Plätze)
	1 378– 1 999	B-Feld	(622 Plätze)

Wie bereits erwähnt, werden zur Unterbringung aller Daten pro Auftrag in einer Folge zwei Speicher (je 12 Stellen) benötigt. Im ersten Speicher steht an den Stellen:

1, 2	i,	die Nummer des Artikels, von dem ein Auftrag an dieser Stelle der Folge gefertigt wurde;
3, 4	G,	die Anzahl der von dem Artikel in der Folge gefertigten Lose einschließlich des mit diesem Auftrag gefertigten;
5 bis 10	TF,	das Fertigstellungsdatum in Maschinenzeit (in Stunden, mit zwei Stellen hinter dem Komma) und
11, 12	a,	die Anzahl der gedeckten Bedarfssprünge.

Im zweiten Speicher:

1 bis 4	W,	die Summe der bis zu diesem Auftrag eingesetzten Wartezeit;
5 bis 10	K,	die Summe der bis zu diesem Auftrag verursachten Kosten und
11, 12	Tk,	das Fertigstellungsdatum in Kalenderzeit.

Von diesen Werten können die Wartezeit, die Maschinenzeit, die Anzahl Lose pro Artikel, die Kosten und das Kalenderzeitdatum größer werden, als Stellen im Speicher vorgesehen sind. Wenn auch die durch die vorgeschriebenen Stellenzahlen angegebenen Grenzen im Normalfall nicht so schnell erreicht werden, so ist es doch notwendig, sich zu vergewissern, ob das zu rechnende Beispiel auch in dieser Beziehung im Anwendungsbereich des Programms liegt.

Vor der Eingabe des Problems müssen folgende Bedingungen erfüllt sein:

Anzahl der Artikel	$n \leqq 41$
Gesamtzahl der Aufträge	$JM \leqq 310$
	$n \cdot JM \leqq 1720$
Summe aller Bedarfswerte	$\leqq 1500 - 8 \cdot n$
Bedarfswerte pro Artikel	$\leqq 70 - 8$
Anzahl der Tabellenwerte	
Kalenderzeit–Maschinenzeit-Tabelle	$\leqq 99$
Anzahl der Lose pro Artikel	$\leqq 99$
Summe der eingegebenen Maschinenzeit	$\leqq$ 9999,99 Stunden
Wartezeit in der Periode	$\leqq$ 99,99 Stunden

4.3 Eingabe

Die zu einer Berechnung der Arbeitsfolge benötigten Daten können so, wie sie normalerweise in der Arbeitsvorbereitung vorhanden sind, eingegeben werden. Eine Aufbereitung der Daten ist nicht notwendig. Soweit diese in anderer Form benötigt werden, werden sie im Vorprogramm umgeformt.

Die Daten werden mittels drei verschiedener Kartenarten eingegeben. Diese drei Kartenarten haben alle den gleichen Aufbau. Es handelt sich um Sechs-Wort-Karten. Hierbei sind die 80 Spalten der Lochkarte folgendermaßen aufgeteilt: Spalte 1–8 dienen zur Kennzeichnung; die restlichen 72 Spalten sind in sechs Worte zu je 12 Spalten gegliedert. Jeweils ein Wort wird vom Rechner in einen Speicher übernommen.
Die Karten sind folgendermaßen gekennzeichnet: In Spalte 2 steht je nach Kartenart eine 1, 2 oder 3, die Spalten 3, 4 und 5 enthalten die laufende Nummer der Kartenart, und in den Spalten 6 und 7 ist die Artikelnummer gelocht, falls mit der Karte Werte von einem bestimmten Artikel eingegeben werden.
Im Kennwort der *Kartenart 1* wird nur Spalte 2 gelocht. Die Stellen für die laufende Nummer bleiben frei, da es sich nur um eine einzige Karte handelt. Mit Kartenart 1 werden die allgemeinen Daten des Problems eingegeben. Nur die drei ersten Worte sind besetzt, und zwar steht in den Spalten

9–20: n, die Anzahl der in der Planungsperiode zu fertigenden Artikel;

21–32: T, die Dauer der Planungsperiode in der Kalenderzeit (z. B. 52 Wochen, 90 Tage oder dergleichen) und in

33–44: die Anzahl Karten der Kartenart 2, die eingelesen werden sollen.

Kartenart 2 dient zur Eingabe der jeweils in einem Kalenderzeitabschnitt zur Verfügung stehenden Maschinenzeit. So steht in den ersten sechs Spalten des Wortes die Kalenderzeit, in den letzten sechs die entsprechende Maschinenzeit in Stunden, mit zwei Stellen hinter dem Komma. Der Zusammenhang zwischen Kalender- und Maschinenzeit muß über die mit Kartenart 1 eingegebene Dauer der Planungsperiode T hinaus bekannt sein und eingegeben werden, denn es wird angenommen, daß die Maschinenzeit in der Periode T neben einer vorgesehenen Wartezeit gerade für eine dem Bedarf entsprechende Fertigung ausreicht. Da jedoch in festen Losgrößen gefertigt wird, wird in allen Fällen, wo nicht zufällig der Bedarf ein ganzes Vielfaches der Losgröße ist, zuviel, d. h. über den Bedarf in der Periode T hinaus gefertigt. Im Laufe des Programms wird die Planungsperiode T jetzt um so viel verlängert, daß der Zuwachs an Maschinenzeit gerade zur Fertigung der über den Bedarf hinausgehenden Menge ausreicht. Dazu ist es natürlich notwendig, daß die Funktion Kalenderzeit–Maschinenzeit auch für den ungünstigsten Fall, daß von jedem Artikel gerade die Menge l — 1 zuviel gefertigt wird, weit genug bekannt ist. Es ist zu empfehlen, vor der Eingabe zu überschlagen, wieviel Maschinenzeit zur Fertigung je eines Loses von allen n Artikeln gebraucht wird, und die Tabelle Kalenderzeit–Maschinenzeit entsprechend erweitert einzugeben.
Mit *Kartenart 3* werden Daten für jeden Artikel i eingelesen. Es ist darauf zu achten, daß die laufende Nummer für jeden neuen Artikel i wieder mit 1 beginnt. Die Spalten 6 und 7 enthalten die jeweilige Artikelnummer. Sie sind nur bei Kartenart 3 besetzt.
Die erste Karte jedes Artikels, im folgenden Stammkarte genannt, enthält in den ersten fünf Worten, also in den Spalten

9–20: s_i, die Fertigungszeit pro Stück in Stunden, auf fünf Stellen genau angegeben;

21–32: v_i, die Rüstzeit in Stunden, auf zwei Stellen genau angegeben;

33–44: w_i, Verspätungskosten in DM pro Stück und Zeiteinheit, auf drei Stellen genau angegeben;

45–56: z_i, Lagerkosten in DM pro Stück und Zeiteinheit, auf fünf Stellen genau angegeben;

57–68: l_i, Losgröße.

Im sechsten Wort wird in den ersten sechs Spalten

69–74: v_i, der Anfangsbestand, und in den letzten sechs

75–80: a_{max}, die Anzahl der für den Artikel in der Periode T auftretenden Bedarfssprünge

gespeichert.

Die weiteren Karten enthalten dann in jedem Wort Bedarfswerte, und zwar in den ersten sechs Stellen den Zeitpunkt, zu dem die Teile benötigt werden, in den letzten sechs die Anzahl der zu dem Zeitpunkt benötigten Teile. Eine derartige Angabe über den Bedarfszuwachs wird als Bedarfssprung bezeichnet. Bedarfswerte und mit der Stammkarte eingegebene Werte werden im Programm zusammen weggespeichert. Beide zusammen werden als Bedarfstabelle bezeichnet.

4.4 Programmablauf

Der Start erfolgt auf Befehl 335. Die Beispieldaten werden mit Hilfe des Programms eingelesen. Die Karten müssen dabei so geordnet sein, daß zunächst die Karte der Kartenart 1, dann die Karten der Kartenart 2 in aufsteigender Folge ihrer laufenden Nummer und schließlich Kartenart 3 eingelesen wird. Die Karten der Kartenart 3 sind nach aufsteigender Artikelnummer zu sortieren. Innerhalb einer Artikelnummer werden sie dann nach aufsteigender laufender Nummer geordnet.

Sollte das Programm nicht funktionieren, so ist mit Sicherheit anzunehmen, daß die Fehlerquelle in den Eingabedaten zu suchen ist. Gegen die Eingabe fehlerhafter Beispielwerte kann das Programm nicht geschützt werden. Weiterhin ist das Programm davon abhängig, daß die Eingabebedingungen eingehalten werden. In diesem Bereich ist also immer der Fehler zu suchen, wenn der Rechner an einer nicht vorgesehenen Stelle stehen bleiben sollte. Sind die Eingabedaten entsprechend dem Programm in Ordnung und auch die Eingabebedingungen eingehalten worden, so stellen die eingebauten Kontrollen entweder etwaige Hindernisse fest und halten den Rechner an der entsprechenden Stelle an oder die Berechnung wird bis zur Ausgabe richtig durchgeführt.

Bleibt der Rechner auf einer im Programm vorgesehenen Stelle stehen, so ist aus der folgenden Tabelle die Ursache für das Anhalten zu ersehen. Beim Programmieren der Stopbefehle wurde so verfahren, daß im Falle eines Hindernisses ein Sprung nach einem nicht existierenden Speicher erfolgt, z. B. Sprung nach 2001, 2002 und folgende. Da der Rechner den Befehl nicht ausführen kann, hält er an. Sprung nach 2003 bedeutet so: Stop 3.

Die einzelnen Stopbefehle haben folgende Ursache:

Stop 1	Die Kartenart der eingelesenen Karte stimmt nicht, bzw. die Karten werden in falscher Reihenfolge eingelesen.
Stop 2	Die laufende Nummer der eingelesenen Karte stimmt nicht, bzw. die Karten werden in falscher Reihenfolge eingelesen.
Stop 3	Artikelnummer i stimmt nicht, bzw. die Karten werden in falscher Reihenfolge eingelesen.
Stop 4	Die Maschinenzeit reicht nicht zur Fertigung der JM Aufträge aus.
Stop 5	Die Wartezeit ist unzulässig groß.
Stop 6	Der Programmablauf ist beendet. Die Ergebnisse sind ausgegeben.

In das Rechenprogramm wurde ein Druckprogramm für die Tabelliermaschine eingebaut, das jederzeit durch Drücken der Taste »Markierungssprung« ein- bzw. ausgeschaltet werden kann. Dieses erweist sich besonders bei einer längeren Rechenzeit als sehr praktisch, da auf diese Weise immer kontrolliert werden kann, wie weit bereits gerechnet wurde.
Die einzelnen herausgedruckten Daten sind durch Abstände voneinander getrennt und können so unterschieden werden. Folgende Werte werden herausgedruckt:

j k h i G TF a W K TK X QB QC QD

Dabei sind:

j	Nummer des letzten Auftrages in der Auftragsfolge
k	Nummer des Auftrags, zu dessen Berechnung zuletzt das Unterprogramm Kosten eingesetzt wurde. Normalerweise ist $k = j$, da jeweils der letzte Auftrag der Folge berechnet wird. Nur bei der Abstimmung, der Neuberechnung der Folge unter anderem Einsatz der zur Verfügung stehenden Wartezeit, ist $k < j$.
h	Nummer des an $(j - 1)$-ter Stelle der Folge gefertigten Artikels
i	Nummer des an j-ter Stelle gefertigten Artikels
G	Anzahl der von Artikel i in der Auftragsfolge gefertigten Lose
TF	Fertigstellungszeitpunkt des G-ten Auftrags auf Artikel i in Maschinenzeit ([h], mit zwei Stellen hinter dem Komma)
a	die Anzahl der von Artikel i durch die in der Folge eingeplanten G Lose und den Anfangsbestand gedeckten Bedarfssprünge
W	bisher in der Folge eingesetzte Wartezeit
K	insgesamt durch diese Folge verursachte Kosten
TK	Fertigstellungszeitpunkt in Kalenderzeit
X	durch den letzten Auftrag hervorgerufene Verspätung [Menge × Zeit]
QB, QC, QD	Vergleichskosten (diese Kosten sind in der Beschreibung des Strukturdiagramms erklärt)

An Hand der herausgedruckten Zwischenergebnisse läßt sich der Optimierungsvorgang sehr gut verfolgen, was für das Verständnis der angewandten Methode eine wertvolle Hilfe sein kann. Darüber hinaus kann mittels der herausgedruckten Ergebnisse die Richtigkeit vieler Operationen des Programms bewiesen werden. Ist eine kostengünstige Folge ausgesucht, und ist das Ergebnis auf Lochkarten gestanzt, so hält der Rechner mit Stop 6 an.
Der Vollständigkeit halber muß noch auf einen Fall hingewiesen werden, der praktisch wohl nicht eintreten dürfte. Zeigt das Ergebnis, daß die ausgesuchte Auftragsfolge Kosten in Höhe von 999999 DM verursacht, so bedeutet das, daß die ausgesuchte Folge nicht zu den kostengünstigen Folgen gehören muß. Es wurde nämlich von der Annahme ausgegangen, daß eine kostengünstige Folge Kosten in dieser Höhe nicht erreichen würde. Da im Speicher nur sechs Stellen für die Kosten zur Verfügung stehen, könnte man im Programm einen Stopbefehl vorsehen, wenn die Kosten mehr als sechs Stellen einnehmen. Man müßte dann eben die Bewertungsfaktoren w_i, z_i um z. B. eine Stellenzahl verringert eingeben und die Kosten – um eine Zehnerpotenz ungenauer – von neuem berechnen. Von dem Kostenwert, den man auf diese Weise erhält, kann man mit genügender Genauigkeit auf die tatsächlichen Kosten schließen. Hier wurde jedoch ein anderer Weg gewählt.
Ergeben sich für irgendeine Folge höhere Kosten als 999999 DM, so wird einfach mit 999999 DM weitergerechnet. Solange nur eine Folge ein günstigeres Ergebnis erzielt, bleibt die Rechnung richtig, denn es wird immer die billigste Folge ausgesucht. Verursachen allerdings alle Folgen Kosten über 999999 DM, so fällt damit das eigentliche Kriterium, nach welchem ausgesucht wird, aus. Alle Folgen verursachen dann gleichhohe Kosten, nämlich 999999 DM. In diesem Fall müssen die Bewertungsfaktoren w_i, z_i um eine Stelle verkleinert eingegeben werden und die Rechnung von neuem begonnen werden. Jedoch ist es, wie gesagt, sehr unwahrscheinlich, daß eine günstige Auftragsfolge innerhalb einer Planungsperiode fast eine Million an Lager- und Verspätungskosten verursacht.
Wenn es nur darauf ankommt, eine kostengünstige Folge auszusuchen, und kein besonderer Wert darauf gelegt wird, innerhalb der ausgesuchten Folge die günstigste Verteilung der Wartezeit zu kennen, so kann ein Teil des Programms, die Abstimmung, übersprungen werden, wodurch die Rechenzeit ganz wesentlich verkürzt würde. In diesem Fall gibt man einfach von Hand in den Speicher 880 den Befehl: »Sprung nach 942« ein.

4.5 Ausgabe

Wie bei der Eingabe, so werden auch bei der Ausgabe drei Kartenarten unterschieden. Das Kennwort ist in gleicher Weise aufgebaut; allerdings bleiben die Spalten 6 und 7 bei allen drei Kartenarten frei, und in Spalte 8 wird zur Unterscheidung von Eingabekarten eine 1 gelocht.
Kartenart 1 besteht wiederum nur aus einer einzigen Karte. Aus diesem Grund

bleiben die Plätze für die laufende Nummer unbesetzt. Mit Kartenart 1 werden die allgemeinen Daten des Problems ausgegeben, und zwar:

n	die Anzahl der Artikel
T	die Dauer der Planungsperiode (Kalenderzeit)
TT	die Dauer der verlängerten Planungsperiode (Kalenderzeit)
Σ TM	Summe Maschinenzeit, die in der verlängerten Planungsperiode zur Verfügung steht (mit fünf Kommastellen)
W	die insgesamt vorhandene Wartezeit (mit zwei Kommastellen)
JM	die Gesamtzahl der Aufträge

Kartenart 2 enthält für jeden Artikel die über den Bedarf der Periode hinausgefertigte Menge, die als Anfangsbestand für die nächste Periode angesehen werden kann. In den einzelnen Worten stehen in den ersten sechs Spalten die Artikelnummer, in den letzten sechs die Anzahl der zuviel gefertigten Teile.
Kartenart 1 und 2 werden im Anschluß an das Vorprogramm ausgegeben. Dadurch werden einerseits Speicherplätze gespart, andererseits können mit den ausgegebenen Daten TM, W, n und JM die entsprechenden Eingabebedingungen noch einmal überprüft werden.
Mittels *Kartenart 3* wird die kostengünstige Auftragsfolge ausgegeben. Da mit jeder Karte die Werte für einen Auftrag ausgegeben werden, ist die laufende Nummer der Karte (Sp. 4–5) gleich dem Index j des Auftrags in der Folge.

Die drei Worte pro Auftrag enthalten folgende Angaben:

1. Wort	Spalte 9, 10	i	Nummer des Artikels
	Spalte 11, 12	GM	Anzahl der von dem Artikel gefertigten Lose
	Spalte 13–18	TF	Fertigstellungszeitpunkt in Maschinenzeit (zwei Kommastellen)
	Spalte 19, 20	a	Anzahl der gedeckten Bedarfssprünge
2. Wort	Spalte 21–24	W	Summe der bis zu diesem Auftrag eingesetzten Wartezeit
	Spalte 25–30	K	Summe der Lager- und Verspätungskosten bis zu diesem Auftrag
	Spalte 31, 32	TK	Fertigstellungsdatum (Kalenderzeit)
3. Wort	Spalte 33–38	KL	Lagerkosten, die durch diesen Auftrag verursacht werden
	Spalte 39–44	KV	Verspätungskosten, die durch diesen Auftrag verursacht werden

5. Beispielrechnung

5.1 Die Bewertungsfaktoren

Damit im Programm auch eine wirklich kostengünstige Auftragsfolge aufgestellt wird, ist es notwendig, die Bewertungsfaktoren für verspätete bzw. verfrühte Fertigstellung den tatsächlichen Gegebenheiten entsprechend anzugeben. Es sei hier auf die Möglichkeit hingewiesen, durch die Wahl eines hohen Bewertungsfaktors für die Fehlteilflächen verspätete Fertigstellungen, soweit die Maschinenkapazität dies zuläßt, auszuschließen. Da immer die billigste Folge ausgesucht wird, wird – ausreichend hohe Bewertung der Verspätung vorausgesetzt – immer eine solche Folge ausgewählt, die möglichst nur Lagerkosten verursacht, sofern eine solche Folge existiert.
Der Rechnung sind folgende Stückkosten bei der Einlagerung der 9 in der Periode zu fertigenden Artikel zugrunde gelegt:

Artikel-Nr.	1	2	3	4	5	6	7	8	9
DM/Stück	3,35	3,35	3,52	3,73	3,82	2,42	3,94	3,00	2,54

Bei der Ermittlung des Lagerkostenfaktors werden die Kosten $z_i \left[\frac{\text{DM}}{\text{Stück} \cdot \text{Woche}}\right]$ gesucht, die entstehen, wenn ein Stück vom Artikel i eine Woche lagert. Sind K_i die Kosten pro Stück, und ist $p = 0{,}1$ der Zinsfaktor, so ergibt sich z_i zu:

$$z_i = \frac{p \cdot K_i}{52} \left[\frac{\text{DM}}{\text{Stück} \cdot \text{Woche}}\right]$$

Für die Errechnung des Kostenfaktors w_i für verspätete Fertigstellung kann keine einheitliche Formel angegeben werden. Dieser Faktor ist u. a. von der Art der gefertigten Teile abhängig.
In diesem Beispiel wurde angenommen, daß ein Artikel für jede Woche Lieferverzug 10% seines Wertes verliert. Man geht also davon aus, daß, wenn ein Artikel zehn Wochen zu spät fertig wird, ein Schaden in Höhe des Stückpreises entsteht. Damit ergibt sich z. B. der Faktor w_i für Artikel 1 bei einem Stückpreis von $3{,}35 \left[\frac{\text{DM}}{\text{Stück}}\right]$ zu

$$w_1 = 0{,}335 \left[\frac{\text{DM}}{\text{Stück . Woche}}\right]$$

Die Werte z_i und w_i für die n Artikel sind in Tab. 1 zusammengefaßt.

Eine besondere Bedeutung kommt der Losgröße zu. Sie hat einen direkten Einfluß auf die Kosten, die durch eine Auftragsfolge verursacht werden, und damit auch auf die Auswahl der Folge. Die günstigsten Losgrößen wurden hier unter der Bedingung ermittelt, daß ein Los immer gerade am Ende einer Doppelschicht fertiggestellt ist.

5.2 Zusammenstellung der Eingabedaten

Tab. 1

Artikel i	1	2	3	4	5	6	7	8	9
Fertigungszeit s_i [Std./1000 Stück]	8,33	8,33	8,33	8,33	8,70	8,33	8,7	8,7	8,33
Rüstzeit r_i [Std./1000 Los]	0	0	0	0	0	0	0	0	0
Bewertungsfaktor $w_i \left[\frac{\text{DM}}{1000 \text{ Stück} \cdot \text{Woche}}\right]$	335	335	352	373	382	242	394	300	254
Bewertungsfaktor $z_i \left[\frac{\text{DM}}{1000 \text{ Stück} \cdot \text{Woche}}\right]$	6,43	6,43	6,75	7,16	7,34	4,65	7,56	5,76	4,87
Losgröße l_i [Stück]	3840	5760	7680	5760	3680	5760	1840	1840	1920
Anfangsbestand v_i [Stück]	1000	6000	5000	4000	4000	5000	500	2000	1000
Zahl der Bedarfswerte a_{max}	52	52	52	52	52	52	52	52	52

Tab. 2 Bedarfstabelle

Artikel	1	2	3	4	5	6	7	8	9
Woche 1–22	640	1303	1840	1200	686	863	63	100	68
Woche 23–44	1309	2645	3763	2454	1363	1745	109	185	139
Woche 45–52	640	1293	1840	1200	666	853	53	90	68
Summe Bedarf in 100 Stück	480	970	1380	900	500	640	40	68	51

Die in den einzelnen Wochen zur Verfügung stehende Maschinenzeit ergibt sich aus dem Betriebskalender. Es bleibt noch zu ermitteln, wieweit die Tabelle (aus den in 4.2 geschilderten Gründen) eingegeben werden muß und wie groß die dazu notwendige Zahl der Karten ist. Betrachten wir den ungünstigsten Fall, daß von jedem der n Artikel eine Menge $l_i - 1$ Stück zuviel gefertigt wird, so benötigen wir zusätzlich folgende Maschinenzeit:

$$TM = \sum_{i=1}^{n} (l_i - 1) \cdot s_i$$

Wir geben die Tabelle Kalenderzeit–Maschinenzeit so weit ein, daß nach der 52. Woche noch wenigstens 320 Stunden Maschinenzeit zur Verfügung stehen, d. h. in diesem Fall bis zur 57. Woche. Da mit jeder Karte sechs Tabellenwerte eingelesen werden, werden insgesamt zehn Karten zum Einlesen der Tabelle benötigt. Bei 2-Schicht-Betrieb standen pro Woche 80 Stunden zur Verfügung; wegen Feiertage verminderte sich diese Zahl in Woche 6 auf 48 h, in den Wochen 1, 13, 17, 23, 40, 44, 53 auf 64 h. Damit sind nun sämtliche Eingabedaten ermittelt. Es läßt sich leicht überprüfen, ob das Beispiel die der Anwendung des Programms gesetzten Grenzen nicht überschreitet.

5.3 Das Ergebnis der Beispielrechnung

Zunächst werden die Anfangsbestände für die nächste Periode, die bei den gegebenen Größen entstehen, ausgegeben. Diese betragen:

Artikel	1	2	3	4	5	6	7	8	9
Stück	2922	1160	5240	400	1840	4360	180	720	1660

Tab. 3 enthält das eigentliche Ergebnis, die Aufträge (und die dazugehörigen Daten) in der Reihenfolge, in der sie zu fertigen sind, damit möglichst niedrige Kosten entstehen.

Die in der Tabelle verwendeten Bezeichnungen bedeuten:

- j Nr. des Auftrags in der Folge
- i Artikelnummer
- TK Fertigstellungsdatum [Wochen]
- TF_{ji} Fertigstellungszeitpunkt in Maschinenzeit [h]
- Wj Summe der in der Folge eingesetzten Wartezeit [h]
- KL Lagerkosten des j-ten Auftrags [DM]
- KV Verspätungskosten des j-ten Auftrags [DM]
- K Summe der Gesamtkosten bis zum j-ten Auftrag [DM]

Tab. 3 Ergebnis

j	i	TK	TF_{ji}	W_j	KL	KV	K
1	1	1	33,19	1,21	109		109
2	3	2	97,16	1,21	234		343
3	4	3	145,14	1,21	195		538
4	2	3	193,12	1,21	270		808
5	1	4	225,10	1,21	174		982
6	6	4	273,08	1,21	233		1215
7	3	5	337,05	1,21	231		1446
8	5	5	369,06	1,21	217		1663
9	2	6	417,04	1,21	216		1879
10	4	7	465,02	1,21	166		2045
11	6	8	513,00	1,21	227		2272
12	5	8	545,01	1,21	182		2454
13	9	8	561,00	1,21	200		2654
14	3	9	624,97	1,21	241		2895
15	7	9	640,97	1,21	221		3116
16	1	10	672,95	1,21	174		3290
17	2	10	720,93	1,21	231		3521
18	9	10	736,92	1,21	278		3799
19	9	11	752,91	1,21	050	421	4270
20	4	11	800,89	1,21	199		4469
21	3	12	864,86	1,21	302		4771
22	5	12	896,87	1,21	224		4995
23	6	13	944,85	1,21	256		5251
24	1	14	976,83	1,21	210		5461
25	2	14	1024,81	1,21	250		5711
26	5	15	1056,82	1,21	245		5956
27	4	15	1104,80	1,21	232		6188
28	3	16	1168,77	1,21	303		6491
29	1	16	1200,75	1,21	239		6730
30	2	17	1248,73	1,21	252		6982
31	8	17	1264,73	1,21	241		7223
32	6	18	1312,71	1,21	219		7442
33	8	18	1328,71	1,21	205		7647
34	8	18	1344,71	1,21	184		7831
35	4	19	1392,69	1,21	203		8034
36	5	19	1424,70	1,21	211		8245
37	3	20	1488,67	1,21	222		8467
38	2	21	1536,65	1,21	184		8651
39	4	21	1584,63	1,21	215		8866
40	6	22	1632,61	1,21	199		9065
41	3	23	1696,58	1,21	172		9237
42	1	23	1728,56	1,21	139		9376
43	2	24	1776,54	1,21	153		9529
44	5	24	1808,55	1,21	148		9677
45	3	25	1872,52	1,21	174		9851
46	1	26	1904,50	1,21	137		9988
47	4	26	1952,48	1,21	109		10097

Tab. 3: (Fortsetzung)

j	i	TK	TF_{ji}	W_j	KL	KV	K
48	3	27	2016,45	1,21	176		10273
49	2	28	2064,43	1,21	085		10358
50	5	28	2096,44	1,21	112		10470
51	4	29	2144,42	1,21	081		10551
52	6	29	2192,40	1,21	099		10650
53	3	30	2256,37	1,21	126		10776
54	2	31	2304,35	1,21	056		10832
55	4	31	2352,33	1,21	093		10925
56	3	32	2416,30	1,21	129		11054
57	7	32	2432,30	1,21	116	1631	12801
58	1	33	2464,28	1,21	037		12838
59	5	33	2496,29	1,21	052		12890
60	2	34	2544,27	1,21	026		12916
61	6	34	2592,25	1,21	055		12971
62	4	35	2640,23	1,21	029	7	13007
63	2	35	2688,21	1,21	069		13076
64	3	36	2752,18	1,21	028		13104
65	5	37	2784,19	1,21	019	125	13248
66	1	37	2816,17	1,21	015	229	13492
67	4	38	2864,15	1,21	012	605	14109
68	2	38	2912,13	1,21	038		14147
69	3	39	2976,10	1,21	002	1246	15395
70	5	39	3008,11	1,21	034		15429
71	4	40	3056,09	1,21	018	287	15734
72	1	41	3088,07	1,21	002	956	16692
73	3	41	3152,04	1,21	003	1192	17887
74	6	42	3200,02	1,21	000	3875	21762
75	2	42	3248,00	1,21	000	1526	23288
76	5	43	3280,01	1,21	008	437	23733
77	4	43	3327,99	1,21	006	884	24623
78	2	44	3375,97	1,21	000	1211	25834
79	1	45	3407,95	1,21	000	2179	28013
80	3	45	3471,92	1,21	000	7388	35401
81	3	46	3535,89	1,21	006	1731	37138
82	4	47	3583,87	1,21	004	3043	40185
83	2	47	3631,85	1,21	015	1315	41515
84	5	48	3663,86	1,21	007	1819	43341
85	6	48	3711,84	1,21	000	7584	50925
86	6	49	3759,82	1,21	006	907	51838
87	1	49	3791,80	1,21	008	1658	53504
88	3	50	3855,77	1,21	008	2914	56426
89	4	51	3903,75	1,21	008	1969	58403
90	2	51	3951,73	1,21	008	916	59327
91	6	52	3999,71	1,21	000	132	59459
92	5	52	4031,72	1,21	000	642	60101
93	3	53	4095,69	1,21	000	2914	63015
94	1	54	4127,67	1,21	000	2665	65680

Die mit Kartenart 1 ausgegebenen Daten zeigen an, daß die Planungsperiode auf 54 Wochen verlängert worden ist. Während dieser Zeit stehen 4186 Maschinenstunden zur Verfügung. Davon verbleiben 60,17 Stunden, die als Wartezeit eingesetzt werden können. Wie das Ergebnis (Tab. 3) zeigt, wird die Wartezeit bis auf 1,21 Stunden, die vor dem ersten Auftrag eingesetzt werden, nach dem letzten der 94 Aufträge eingeplant. Zwischen den einzelnen Aufträgen wird keine Wartezeit eingesetzt, da die bei den letzten Aufträgen auftretenden Terminüberschreitungen (Verspätungskosten) ein möglichst weites Vorverlegen der Fertigstellungstermine bewirkt haben. Eine weitere Vorverlegung aller Termine um die restlichen 1,21 h Wartezeit bringt keine Kostenvorteile. Für die praktische Durchführung ist die Wartezeit ohne Bedeutung.
Die Terminüberschreitungen können bei dem vorliegenden Bedarfsverlauf mit starkem saisonalen Bedarfsanstieg für alle Artikel (s. Abb. 3) und den gegebenen Anfangsbeständen nicht vermieden werden.

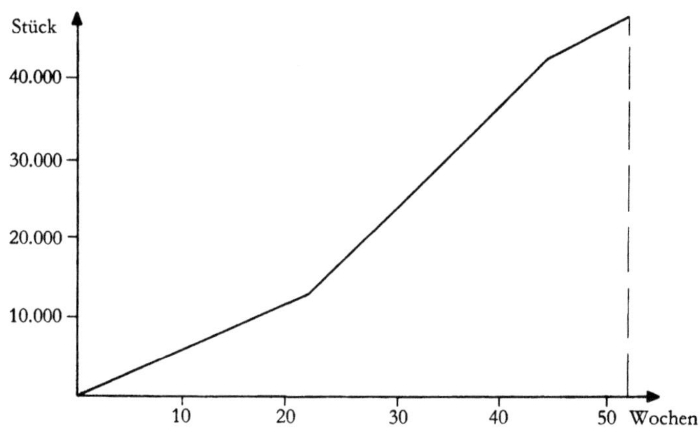

Abb. 3 Summenkurve des Bedarfs für Artikel 1

Es bleibt nun dem Betrieb überlassen, eine günstigere Lösung des Problems dadurch zu erreichen, daß mit anderen Grundbeständen oder Losgrößen gearbeitet wird oder eine Anpassung der Maschinenkapazität an den Verlauf der Nachfrage angestrebt wird. Der Erfolg solcher Maßnahmen kann im voraus beurteilt werden, indem das gleiche Programm mit entsprechend veränderten Eingabedaten erneut durchgerechnet und das neue Ergebnis mit dem bereits vorhandenen verglichen wird.
Die Rechenzeit beträgt für das hier durchgerechnete Beispiel ca. 2,5 Stunden. Wenn es nur darauf ankommt, eine kostengünstige Folge auszusuchen, und kein besonderer Wert darauf gelegt wird, innerhalb der ausgesuchten Folge die günstigste Verteilung der Wartezeit zu kennen, so kann ein Teil des Programms, die Abstimmung, übersprungen werden, wodurch die Rechenzeit ganz wesentlich verkürzt wird.

Prof. Dr.-Ing. Joseph Mathieu

Dr.-Ing. Johann Heinrich Jung

Literaturverzeichnis

Mathieu, Behnert und Jung, Mathem.-organisatorische Studie zur Planung der Kapazität von Betriebsanlagen. Forschungsbericht des Landes NRW Nr. 1052.

Jung, J. H., Beitrag zum Problem der Maschinenbelegungsplanung bei einstufiger Fertigung. Diss., TH Aachen 1962.

Sistermann, K., Bestimmung der günstigsten Auftragsfolge nach der Polygonmethode. Diplomarbeit, TH Aachen 1961.

FORSCHUNGSBERICHTE DES LANDES NORDRHEIN-WESTFALEN

Herausgegeben im Auftrage des Ministerpräsidenten Dr. Franz Meyers
von Staatssekretär Prof. Dr. h. c. Dr.-Ing. E. h. Leo Brandt

RATIONALISIERUNG

HEFT 1052
Prof. Dr.-Ing. Joseph Mathieu, Dr. rer. nat. Konstantin Behnert und Dipl.-Ing. Johann Heinrich Jung, Forschungsinstitut für Rationalisierung an der Rhein.-Westf. Technischen Hochschule Aachen
Mathematisch-organisatorische Studie zur Planung der Kapazität von Betriebsanlagen
1961, 62 Seiten, DM 20,60

HEFT 1073
Prof. Dr.-Ing. Joseph Mathieu, Dr. rer. pol. Roland A. Schmitz und Dipl.-Kfm. Paul Müller-Giebeler, Forschungsinstitut für Rationalisierung an der Rhein.-Westf. Technischen Hochschule Aachen
Untersuchung über Grundlagen und Anwendbarkeit von Vertriebskosten-Vergleichen
1962, 79 Seiten, zahlr. Abb., 5 Tabellen, DM 39,—

HEFT 1111
Prof. Dr.-Ing. Joseph Mathieu und Dr.-Ing. Werner Zimmermann, Institut für Arbeitswissenschaft der Rhein.-Westf. Technischen Hochschule Aachen
Bestimmung des optimalen Produktionsprogrammes in Industriebetrieben
1963, 65 Seiten, 19 Abb., 19 Tabellen, 11 Simplex-Tabellen, DM 54,60

HEFT 1112
Prof. Dr.-Ing. Joseph Mathieu, Dipl.-Ing. Alfred Schnadt, Dipl.-Ing. Hans Schönefeld und Dr.-Ing. Werner Zimmermann, Institut für Arbeitswissenschaft der Rhein.-Westf. Technischen Hochschule Aachen
Beschäftigung und Ausbildung technischer Führungskräfte
1962, 108 Seiten, 2 Abb., 69 Tabellen, DM 49,50

HEFT 1174
Deutsches Krankenhausinstitut e. V., Düsseldorf
Strahlenuntersuchungen und Strahlenbehandlungen — Organisation und Arbeitsablaufgestaltung in Strahlenabteilungen Allgemeiner Krankenhäuser
In Vorbereitung

HEFT 1181
Prof. Dr.-Ing. Joseph Mathieu und Dipl.-Ing. Kurt Gollnow, Forschungsinstitut für Rationalisierung an der Rhein.-Westf. Technischen Hochschule Aachen
Beitrag zur Rationalisierung handwerklicher Betriebe — Entwicklung einer Untersuchungsmethode, dargestellt am Beispiel des Schreinerhandwerks
1963, 118 Seiten, 19 Abb., zahlr. Übersichten DM 62,50

HEFT 1216
Prof. Dr.-Ing. Joseph Mathieu, Dr.-Ing. Johann Heinrich Jung und Dr. rer. nat. Konstantin Behnert, Forschungsinstitut für Rationalisierung an der Rhein.-Westf. Technischen Hochschule Aachen
Ein Verfahren zur Planung der Maschinenbelegung in einer Fertigungsstufe
1963, 39 Seiten, 18 Abb., DM 19,50

HEFT 1225
Prof. Dr.-Ing. Joseph Mathieu, Dipl.-Ing. Johannes Georg Endter und Dr. phil. Carl Alexander Roos, Forschungsinstitut für Rationalisierung an der Rhein.-Westf. Technischen Hochschule Aachen
Der Ingenieur im industriellen Vertrieb
1963, 100 Seiten, 2 Abb., 49 Tabellen, DM 39,40

HEFT 1227
Prof. Dr.-Ing. Joseph Mathieu und Dr.-Ing. Wolfgang Frenz, Forschungsinstitut für Rationalisierung an der Rhein.-Westf. Technischen Hochschule Aachen
Untersuchungen zur Arbeitszeiteinteilung in kontinuierlich arbeitenden Betrieben
1963, 65 Seiten, zahlr. Tabellen, DM 36,—

HEFT 1228
Dr.-Ing. Wolfgang Frenz, Forschungsinstitut für Rationalisierung an der Rhein.-Westf. Technischen Hochschule Aachen, Direktor: Prof. Dr.-Ing. Joseph Mathieu
Beitrag zur Messung der Produktivität und deren Vergleich auf der Grundlage technischer Mengengrößen
1963, 53 Seiten, DM 24,50

HEFT 1229
Dr.-Ing. Georg Ringenberg, Forschungsinstitut für Rationalisierung an der Rhein.-Westf. Technischen Hochschule Aachen, Direktor: Prof. Dr.-Ing. Joseph Mathieu
Ein Beitrag zur Beurteilung von Großzahlerscheinungen in der Arbeitswissenschaft mit Hilfe quantitativer Methoden
In Vorbereitung

HEFT 1230
Dr.-Ing. Mostafa Hamdy Ahmed Hamdy, Rhein.-Westf. Technische Hochschule Aachen, Direktor: Prof. Dr.-Ing. Joseph Mathieu
Beitrag zur Kritik der Verfahren vorbestimmter Zeiten
In Vorbereitung

HEFT 1231
Dr.-Ing. Klaus-Günter Wendt, Forschungsinstitut für Rationalisierung an der Rhein.-Westf. Technischen Hochschule Aachen, Direktor: Prof. Dr.-Ing. Joseph Mathieu
Möglichkeiten und Grenzen der Ermittlung von fertigungstechnischen Kennzahlen und Richtwerten, erörtert am Beispiel der Zahnradherstellung
In Vorbereitung

HEFT 1232
Dr.-Ing. Friedrich Tübergen, Forschungsinstitut für Rationalisierung an der Rhein.-Westf. Technischen Hochschule Aachen, Direktor: Prof. Dr.-Ing. Joseph Mathieu
Untersuchung über Möglichkeiten zur Berücksichtigung unterschiedlicher Erzeugnisqualitäten bei der Produktivitätsmessung, erläutert am Beispiel einer spanabhebenden, feinmechanischen Fertigung.
In Vorbereitung

HEFT 1233
Dr.-Ing. Joachim P. Rockstuhl, Forschungsinstitut für Rationalisierung an der Rhein.-Westf. Technischen Hochschule Aachen, Direktor: Prof. Dr.-Ing Joseph Mathieu
Untersuchung über Möglichkeiten einer verursachungsgerechten Zuordnung der im betrieblichen Fertigungsablauf entstehenden Kosten, insbesondere der Restgemeinkosten
In Vorbereitung

HEFT 1237
Verband Deutscher Streichgarnspinner e. V., Düsseldorf
Betriebsvergleich in den Streichgarnspinnereien, Teil 1, bearbeitet vom Forschungsinstitut für Rationalisierung an der Rhein.-Westf. Technischen Hochschule Aachen
Direktor: Prof. Dr.-Ing. Joseph Mathieu
In Vorbereitung

HEFT 1250
Dr. Friedrich Walter, Lehrbeauftragter für Regionale Statistik an der Universität Münster
Regionale Wirtschaftsstatistik nach Betrieben, ihre kartographische Auswertung und deren Bedeutung
In Vorbereitung

HEFT 1257
Dipl.-Ing. H. Lick, Dipl.-Ing. A. Prüßmann und Dipl.-Ing. J. M. Rychwalski, Institut für Elektrische Nachrichtentechnik der Rhein.-Westf. Technischen Hochschule Aachen
Beiträge zur Theorie und Praxis selbsttätiger elektrischer Brandmelde-Geber
II. Teil: Brandmeldung als nachrichtentechnisches Problem, Prüfung der thermischen Eigenschaften der Temperatur-Geber, Rauch als Merkmal eines Brandes, Auswertung von Brandstatistiken
1963, 76 Seiten, Zahlr. Abb., DM 39,50

HEFT 1259
Priv.-Doz. Dr. med. Dr. phil. Joseph Rutenfranz und Prof. Dr. med. Otto Graf, Max-Planck-Institut für Arbeitsphysiologie, Dortmund
Zur Frage der zeitlichen Belastung von Lehrkräften
In Vorbereitung

HEFT 1265
Dr.-Ing. Fulvio Fonzi, Institut für Arbeitswissenschaft der Rhein.-Westf. Technischen Hochschule Aachen, Direktor: Prof. Dr.-Ing. Joseph Mathieu
Beitrag zur Anwendung mathematischer Methoden für eine wirtschaftlichere Gestaltung der Fertigung
In Vorbereitung

HEFT 1266
Prof. Dr.-Ing. Joseph Mathieu und Dr.-Ing. Johann Heinrich Jung, Forschungsinstitut für Rationalisierung an der Rhein.-Westf. Technischen Hochschule Aachen
Rechenprogramm und Beispielrechnung in einer Fertigungsstufe

HEFT 1269
Dipl.-Ing. K. H. Eberhard Kroemer, Max-Planck-Institut für Arbeitsphysiologie, Dortmund, Direktor: Prof. Gunther Lehmann
Bedienteile an Handpressen und anderen Werkzeugmaschinen
In Vorbereitung

HEFT 1279
Karl-Heinz Böhling, Rhein.-Westf. Institut für Instrumentelle Mathematik, Bonn
Zur Strukturtheorie sequentieller Automaten
In Vorbereitung

HEFT 1290
Dr. rer. nat. Wolf-Dietrich Meisel, Rhein.-Westf. Institut für Instrumentelle Mathematik, Bonn
Zur Simultation einer digitalen Integrieranlage mittels eines elektronischen Rechenautomaten
In Vorbereitung

HEFT 1291
Gerhard Schröder, Rhein.-Westf. Insitut für Instrumentelle Mathematik, Bonn
Über die Konvergenz einiger Jacobi-Verfahren zur Bestimmung der Eigenwerte symmetrischer Matrizen
In Vorbereitung

HEFT 1301
Dipl.-Ing. Peter Mevert, Forschungsinstitut für Rationalisierung an der Rhein.-Westf. Technischen Hochschule Aachen, Direktor: Prof. Dr.-Ing. Joseph Mathieu
Untersuchung über die Genauigkeit von Multimomentstudien
In Vorbereitung

HEFT 1306
Prof. Dr. E. Peschl und Dr. Karl Wilhelm Bauer, Rhein.-Westf. Institut für Instrumentelle Mathematik, Bonn
Über eine nichtlineare Differentialgleichung 2. Ordnung, die bei einem gewissen Abschätzungsverfahren eine besondere Rolle spielt
In Vorbereitung

HEFT 1307
Dipl.-Math. Jürgen R. Mankopf, Rhein.-Westf. Institut für Instrumentelle Mathematik, Bonn
Über die periodischen Lösungen der VAN DER POLschen Differentialgleichung $\ddot{x} + \mu (x^2 - 1) \dot{x} + x = 0$
In Vorbereitung

HEFT 1308
Heinz Ober-Kassebaum. Rhein.-Westf. Institut für Instrumentelle Mathematik, Bonn
Über die P-Separation der Schrödlinger-Gleichung und der Laplace-Gleichung in Riemannschen Räumen
In Vorbereitung

HEFT 1313
Joachim Hornung und Dr. med. Jürgen Stegemann, Max-Planck-Institut für Arbeitsphysiologie, Dortmund Direktor: Dr. med. Gunther Lehmann
Ein nichtlineares kybernetisches Modell für die Pupillenreaktion auf Licht
In Vorbereitung

Verzeichnisse der Forschungsberichte aus folgenden Gebieten können beim Verlag angefordert werden:

Acetylen/Schweißtechnik – Arbeitswissenschaft – Bau/Steine/Erden – Bergbau – Biologie – Chemie – Eisenverarbeitende Industrie – Elektrotechnik/Optik – Energiewirtschaft – Fahrzeugbau/Gasmotoren – Farbe/Papier/Photographie – Fertigung – Funktechnik/Astronomie – Gaswirtschaft – Holzbearbeitung – Hüttenwesen/Werkstoffkunde – Kunststoffe – Luftfahrt/Flugwissenschaften – Luftreinhaltung – Maschinenbau – Mathematik – Medizin/Pharmakologie/NE-Metalle – Physik – Rationalisierung – Schall/Ultraschall – Schiffahrt – Textiltechnik/Faserforschung/Wäschereiforschung – Turbinen – Verkehr – Wirtschaftswissenschaft

WESTDEUTSCHER VERLAG · KÖLN UND OPLADEN
567 Opladen/Rhld., Ophovener Straße 1-3

GPSR Compliance

The European Union's (EU) General Product Safety Regulation (GPSR) is a set of rules that requires consumer products to be safe and our obligations to ensure this.

If you have any concerns about our products, you can contact us on ProductSafety@springernature.com

In case Publisher is established outside the EU, the EU authorized representative is:

Springer Nature Customer Service Center GmbH
Europaplatz 3
69115 Heidelberg, Germany

Batch number: 10584556

Printed by Printforce, the Netherlands